OBSERVATION

TRÈS-IMPORTANTE

SUR LES EFFETS

DU MAGNÉTISME ANIMAL.

Par M. DE BOURZEIS, Docteur en Médecine, Médecin ordinaire du Roi, & de la Compagnie des Cent Suisses de sa Garde, Conseiller Aulique de S. A. S. le Margrave régnant de Brandebourg.

Nil violentum durabile.

A PARIS,

Chez P. FR. GUEFFIER, Imprimeur-Libraire, rue de la Harpe.

M. D. CC. LXXXIII.

Avec Approbation, & Privilége du Roi.

(3)

OBSERVATION

TRÉS-IMPORTANTE

SUR LES EFFETS

DU MAGNÈTISME ANIMAL.

M. DE RUZ... âgé de soixante-sept
ans, de la meilleure constitution, d'un
caractere égal, ayant mené dans tous
les temps, la vie la plus sobre & la plus
uniforme, se trouva indisposé dans les
premiers jours de Février dernier : il
étoit facile de s'en appercevoir. Il avoit
l'air soucieux, abattu, inquiet, la res-
piration haute, laborieuse & difficile ;
le poulx plein, lent, tendu & irrégulier.

A

Connoissant toute sa sensibilité, par
l'habitude que j'avois de le voir souvent
depuis long-temps, moins comme son
Médecin, que comme son ami; après
l'avoir examiné avec attention, je soup-
çonnai que l'altération de sa santé pro-
venoit de quelque affection morale;
je lui fis part de mon inquiétude. Il
convint qu'elle étoit fondée, & il
ajouta qu'il en avoit ressenti la plus
vive impression dans l'instant même.

Sur son aveu, je crus devoir m'oc-
cuper également du moral & du phy-
sique; je me bornai cependant à ré-
gler d'abord son régime dans ce premier jour où je le vis plusieurs fois.
J'étois préoccupé de son état, d'après
la certitude où je suis que les affec-
tions de l'ame sont souvent la cause des
plus grandes maladies, sur-tout au déclin
de l'âge; je me rappellai, après l'avoir
quitté vers les neuf heures du soir, qu'il

portoit un hidrocele accidentel , qu'il n'avoit pas fait vuider depuis quatorze mois : je revins chez lui vers les onze heures, pour l'engager à ne plus différer cette opération , dans la crainte que l'épanchement ne produisît quelque effet dangereux. Il en fentit la néceffité , & je me chargeai d'aller chercher moi-même le lendemain M. Sabattier, Chirurgien Major des Invalides , qui la lui avoit faite les deux fois qu'il avoit été dans le cas de la fubir.

M. Sabattier ne s'étant pas trouvé chez lui , ne vint que le jour fuivant ; l'opération fut faite à neuf heures ; le liquide épanché parut plus chargé que dans les opérations précédentes.

La jufte confiance que j'avois dans les lumieres de M. Sabattier, m'engagea à lui communiquer mes idées & mes vues : nous convînmes de faire

A ij

continuer au malade l'ufage de quelques verres d'eau de Bonne, dans la ma-
tinée, ainfi que le régime déjà prefcrit.

Ce même jour, il fut décidé que
M. de Ru ..... feroit foigné par M.
M..... : on alléguoit pour prétexte que
la médecine ordinaire n'étoit d'aucun
fecours ; que l'agent de M. M.... étoit
le feul moyen efficace.

J'aurois defiré que M. De.... autre-
fois l'éleve & alors l'émule de M. M....
eût été préféré pour fuivre le malade :
comme il eft plus nouvellement initié
dans le grand myftere du Magnétifme,
j'avois lieu de croire qu'il lui reftoit
encore les qualités effentielles à un
Médecin ; mais une voix unanime s'é-
cria qu'il n'étoit que le foible imitateur
de M. M..... , &c. &c. &c. ; & je fus
contraint de céder.

J'obtins cependant quelques jours,

pendant lesquels il se manifesta un mieux sensible ; mais le malade , pour céder aux importunités , vit enfin M. M.... qui, après avoir passé un jour à faire ses *figures mystérieuses* , le soumit à l'action de son *agent*. Les symptômes du premier jour reparurent aussi-tôt d'une maniere si alarmante , que je ne doutai point que des secousses vives & répétées sur des solides très-sensibles , sur des nerfs très-irritables , n'eussent causé le plus grand désordre.

Dans cette conviction , entraîné par le penchant de l'amitié pour mon malade , j'allai quatre jours de suite chez M. M ..... je ne le trouvai que le cinquieme , en m'y rendant avec mon ami qui, à cette époque , avoit les jambes du double de leur volume ordinaire ; ce dernier m'annonça en s'expliquant ainsi

« Je vous amene mon Médecin, qui

» eft mon ami, dont je me loue, &
» qui me conduit depuis dix-huit ans;
» vous voudrez bien l'écouter, cela
» vous aidera à diriger votre agent,
» ainfi qu'à me le rendre plus prompte-
» ment efficace, en y joignant les dif-
» férens fecours que vous jugerez l'un
» & l'autre m'être convenables ».

Je répliquai avec le ton de la décence
& de la précifion que la circonftance
exigeoit ; *& je n'eus pour réponfe que des
fignes qui me rappellerent l'idée des Si-
bylles, jugeant des deftinées fur le tré-
pied.*

Pour tirer de l'*oracle* quelque chofe
de plus clair, je demandai fi l'infufion
de fleurs d'hyfope pouvoit être con-
traire à fon agent ; & fi dans le cas où
je le jugerois convenable, on ne pourroit pas l'employer avec l'oxymel fcillitique. M. M..... me répondit « que ce

» remede feroit trop aĉtif, trop irri-
» tant, & ne conviendroit pas à fon
» agent ». Je me retirai, précédant le
malade de quelques pas.

M. M.... profitant de mon éloigne-
ment, dit au malade : « Rendez-vous
» chez vous, & faites-vous faigner; je
» viendrai ce foir pour juger de votre
» fang ».

Quelle fut ma furprife, lorfqu'en al-
lant voir M. de Ru.... à quatre heures,
j'appris qu'il avoit été faigné fans l'aveu
& à l'infçu de fon ami & de fon Médecin ordinaire qui le foignoit depuis
dix-huit ans !

L'indignation fe joignit à la furprife,
lorfqu'on me dit : « que le malade ve-
» noit d'être faigné, comme j'en étois
» convenu avec M. M.... ».

Je diffimulai le coup funefte qu'on
venoit de porter à mon ami , & la tra-
me odieufe qu'on ourdiffoit pour me
compromettre ; & en paffant auprès de
lui , je gardai le filence à la demande
qu'il me fit de l'état de fon fang, dans
la crainte d'agraver fa fituation. Je crai-
gnis de m'échapper : je fortis.

Revenu chez lui vers les huit heures
du foir , pendant que M. M..... y étoit
avec le Chirurgien qui avoit fait la faignée , je me tins à l'écart, les enten-
dant féliciter le malade , & s'applaudif-
fant eux-mêmes du grand foulagement
qu'il éprouvoit ; & tandis que l'un difoit : « C'étoit ce qu'il falloit , l'autre
» répondoit : oui , je réponds de lui
» corps pour corps ».

Introduit enfin dans l'appartement
du malade , je m'apperçus du foulagement qu'il éprouvoit , mais je reconnus

que c'étoit un mieux illufoire & momentané , effet ordinaire de la faignée.

Le même foir étant paffé dans un appartement féparé , & preffé de donner une décifion fur l'état du malade , je déplus finguliérement par quelques propos que je tins pour mettre la vérité dans tout fon jour.

Le lendemain 13 Février , fur l'annonce qu'on m'avoit faite que M. M..... ne voyoit point de malades avec d'autres Médecins , je revins plus tard que de coutume. Arrivé dans le moment même qu'on venoit de faire une feconde faignée , je demandai : « Si cette feconde faignée étoit auffi de mon aveu : on me répondit : « Qu'on favoit bien » que je n'y entrois pour rien ».

Cependant le malade voulut que je viffe fon fang : on me fit paffer myftérieufement dans une piece féparée où

on avoit porté le sang ; je profitai de
ce moment pour annoncer une hydro-
pysie de poitrine ; j'exposai les symptômes qui la présageoient , & je fis connoître la néceffité urgente d'appeller
les secours de la Médecine , afin de con-
ferver le malade autant qu'il feroit pof-
fible.

A cette époque , M. M..... faifoit
faire ufage de l'infufion de la fleur de
fureau pour boiffon , & donnoit de
temps-en-temps de la crême de tartre ;
le lendemain je vis fur la table de l'oxymel fcillitique que M. M.... avoit dé-
fapprouvé lorfque je lui en avois pro-
pofé l'ufage, comme étant irritant &
peu convenable à fon agent ; on a cependant continué à le donner jufqu'à
la mort du malade.

Preffé par les accidens qui fe multi-
plioient, & toujours attentif à fauver

l'*honneur*, ou à rehauffer la *gloire
de fon agent*, , M. M..... ouvrit,
(pour ainfi dire) la boîte de Pan-
dore pour donner à mon ami tous les
maux à la fois, *fluxion de poitrine*,
fiévre putride & maligne, *goutte*, *bile*,
& même des obftructions au cœur ; &
le malade , fafciné par ces preftiges ,
eut la bonhomie de dire ce jour-là,
qu'il étoit attaqué d'une grande *putri-
dité* : « Il en exifte chez vous comme
» chez moi, lui dis-je ».

Le lendemain M. Se..... Médecin ,
vifita le malade, & après l'avoir examiné , fut de l'avis de M. M.... : il fe
répandit en éloges, & parla beaucoup
de la découverte des obftructions du
foie , mais fans dire un mot de celle
du cœur , de la fiévre putride maligne,
ni de la fluxion de poitrine, &c. M.
M..... fier de ce fuffrage , répondant
toujours du malade, difoit avec une forte

de violence convulſive , comme s'il eût voulu imiter *le ſifflement du ſerpent d'Épidaure , que le malade avoit été né-gligé depuis long-temps ; qu'on auroit dû le lui amener depuis deux ans au moins.* Cependant M. M..... ordonna les veſ-ficatoires , & le ſirop d'orgeat : je dûs croire que ce ſirop étoit pour obvier à l'effet des cantarides , dans le mo-ment de leur action ; mais le ſirop fut continué , & l'oxymel ſcillitique prodi-gué juſqu'à la fin de la maladie.

Dès ce moment , je n'eus plus la li-berté de voir le malade ; tout accès auprès de lui me fut interdit : je me vis obligé d'aller me faire inſcrire à la porte de mon ami, *comme à celle d'un étran-ger.*

Je fus néanmoins qu'on continuoit toujours le traitement avec l'oxymel ſcil-litique , ſous différentes formes (ajouté

même aux purgatifs avec le féné) &
qu'on ne négligeoit pas les bains domef-
tiques, dans lefquels on faifoit refter le
malade près de deux heures *& même
plus*.

Un mois & quelques jours avant l'accident de M. de Ru ....., M. Sabattier
l'avoit vu pour une hernie commen-
çante ; & après l'avoir examiné *nud &
fans gillet*, avoit affuré qu'il étoit très-
fain , fans obftruƈtions , fur-tout à la
région du foie. M. Sabattier ne refu-
feroit certainement pas fon témoignage
fur cet examen fait vers les derniers
jours *de Décembre 1782*.

Tandis que M. M.... répondoit encore
du malade douze jours avant fa mort, ce
dernier , toujours aveuglé fur fon état
par cette fauffe efpérance , ne ceffoit de
faire l'éloge de M. M.... à tout venant ,
& difoit que c'étoit un Dieu; qu'il lui

devoit la vie , mais qu'il avoit bien dix livres de magnétifme dans le corps : fon enthoufiafme alloit fi loin , que non-feulement , il paroiſſoit convaincu de ce qu'il difoit , mais encore qu'il l'avoit perfuadé à d'autres , nommément à un de fes amis de ma connoiſſance , qui m'exprimant fa joie du prochain rétabliſſement de M. de Ru.... d'après la certitude que lui en avoit donnée M. M.... lui-même , me taxa d'un ridicule extrême d'annoncer la mort de mon ami comme prochaine ; mon pronoſtic ne fut que trop vrai , M. de Ru.... mourut le *21 Mars.*

REMARQUES.

Je ne connois point le Magnétifme animal; je connois auſſi peu M. M... fans cette occafion je ne l'aurois peut-être jamais vu , ni entendu ; & quoique la manière dont il s'explique foit peu fatisfaifante , je veux bien le croire fur fa parole , & mettre tous les avantages de son côté : mais la raison veut que j'examine s'il est conséquent dans ce qu'il prétend, dans ce qu'il dit, dans ce qu'il fait , dans ce qu'il promet : en un mot s'il est aussi infaillible que son agent , ou si son agent n'est pas plus infaillible que lui.

C'est au cas présent que je borne mes réflexions; je les soumets au public éclairé , à mes confreres : il en est un que je me serois fait un devoir de citer , si sa modestie ne s'y fût opposée; son suffrage est bien fait pour me flatter.

Je suppose donc , que le Magnétisme animal soit un agent unique, universel, aussi efficace, aussi infaillible, aussi merveilleux que le prétend M. M..... j'admets qu'il soit la puissance déterminante de toutes les facultés , & de toutes les actions de l'économie animale ; mais ce principe doit-il être appliqué ; peut-il l'être indifféremment partout , dans tous les cas , dans toutes les circonftances , de la même maniere , à la même dofe , avec la même force ? Nous ne devons pas attendre la réponfe de M. M..... nous la trouverons dans fes manœuvres : nous allons les fuivre pas à pas , dans l'obfervation rapportée ci-deffus , en comparant ces mêmes manœuvres avec les principes généralement reçus.

Nous avons dit que M. de Ru..... s'étoit trouvé indifpofé à la fuite de quelque peine & de quelque inquiétude dont il feroit fuperflu de chercher la caufe. Quel eft le premier effet des affeſtions triftes de l'ame fur le corps ? C'eft, fi je ne me trompe , un faififfement, une contraſtion fpafmodique , un étranglement ou un refferrement des folides, & la diminution du mouvement des liquides.

Que

Que doit-on attendre de ce changement ſubit dans l'économie animale? un déſordre général plus ou moins grand, mais proportionné à l'état actuel des ſolides & des fluides, & à la violence qu'ils ont éprouvée; car ſelon toutes les regles de la bonne phyſique, la détente eſt en proportion de la tenſion & de l'élaſticité des ſolides ; la diminution du mouvement des liquides doit être auſſi en raiſon de leur maſſe, des obſtacles qu'ils éprouvent, du dégré d'épaiſſiſſement & de viſcoſité.

M. de Ru.... étoit âgé de ſoixante-ſept ans, il avoit beaucoup d'embonpoint; il étoit fortement conſtitué, mais d'une ſenſibilité proportionnée à la délicateſſe de ſon ame, & très-ſédentaire.

Nous devons donc ſuppoſer qu'après une contraction ſubite, les ſolides

B

ont dû tomber dans le plus grand re-
lâchement.

En pareilles circonſtances, le vœu
de la nature & le but de l'art doivent
être (ce me ſemble), de ramener dou-
cement les ſolides à un juſte dégré de
ſoupleſſe & d'élaſticité, de rétablir l'ordre de la circulation, de diviſer, d'at-
ténuer les humeurs, d'en diminuer graduellement le volume, &c. Voilà ce
que dit la médecine ordinaire.

Voyons ſi la médecine très-extraordinaire de M. M.... a pu & dû produire
ces effets avec la même ſécurité.

Une matiere auſſi ſubtile que celle
de l'agent de M. M.... doit agir par jets,
par vibrations, par commotions; elle
fait une impreſſion ſur l'économie animale, ou en agaçant, ou en irritant,
& ces effets doivent être produits plus

ou moins graduellement à raifon de fa quantité , de fa qualité & de fa vîtelle.

Mais tout cela dépend de celui qui fait agir cette matiere , & celui-ci peut la mal diriger, l'introduire en trop grande quantité , avec trop de précipitation , avec trop de force , &c. il peut donc fe tromper , & fon principe , tout infaillible qu'il veut le faire croire, peut ne pas l'être toujours entre les mains de fon créateur ; donc M. M..... n'eft pas infaillible ; d'ailleurs , fon ton eft trop affirmatif , & les événemens ne répondent pas toujours à fes promeffes ; donc fa médecine très-extraordinaire doit être , pour ainfi dire., la très-humble fervante de la Médecine ordinaire qui eft faite pour lui donner quelque valeur , fuppofé qu'elle en foit fufceptible. Mais voyons fi M. M.... ne s'eft pas trompé dans le cas dont il s'agit.

Le Magnétifme animal, quelle que foit fon action, quelle que foit fa vertu, en agiffant comme ftimulant à tel dégré qu'on veuille le fuppofer, n'a pu qu'augmenter plus ou moins le ton des folides, leur tenfion, leur rigidité en excitant des frottemens, des commotions ; mais tous ces effets joints à une vifcofité des humeurs, n'ont-ils pas dû favorifer des ftafes, des engorgemens ? Ne devoit-il pas s'enfuivre un épanchement de la lymphe dans les cavités ?

Je ne doute pas que l'on ne fuppofe au Magnétifme animal, une vertu délayante, incifive, apéritive, fondante même : mais fi cet agent merveilleux incroyable réunit ainfi toutes les vertus des moyens connus, pourquoi M. M.... a-t'il eu recours à la faignée, à la crême de tartre, à l'oximel fcillitique, aux potions purgatives ? &c.

Ce qu'il y a de plus étonnant encore, c'eſt que cet homme *Divin* s'en ſoit laiſſé impoſer d'après la premiere ſaignée, par un ſoulagement illuſoire & momentané, qu'il en ait ordonné une ſeconde, que le Médecin le moins inſtruit n'auroit aſſurément pas haſardée.

On a déja vu que M. M... après avoir rejeté l'eau d'hyſope comme irritante & incompatible avec ſon agent, a, non-ſeulement employé enſuite des moyens ſemblables, mais encore pluſieurs autres infiniment plus irritans, tel que l'oxymel ſcillitique & le ſéné ; une inconſéquence de cette force n'eſt pas pardonnable. Je lui pardonnerois plutôt d'avoir, preſque juſqu'aux derniers inſtans, répondu corps pour corps du malade, il pouvoit être de bonne foi : je lui pardonnerois plutôt auſſi d'avoir cru appercevoir une infinité de maux qui n'exiſtoient pas, & d'avoir méconnu

ceux qui exiſtoient réellement, parce
qu'il pouvoit être encore de bonne
foi. Il y a apparence que M. M.... re-
garde ſon agent entre ſes mains comme
un *taliſman magique* qui le diſpenſe des
connoiſſanees les plus ordinaires en
Médecine ; mais dans ce cas-là, pourquoi ne s'en tient-il pas à ce même agent?
Pourquoi s'expoſe-t-il au blâme, en
employant d'autres moyens dont il ne
paroît connoître ni les vertus ni les
effets ? Pourquoi ſe permet-il de haſar-
der des propos auſſi vagues que ceux
qu'il a tenus ſur l'état de M. de Ru....?

Il aura beau dire que les remedes
qu'il emprunte de la Médecine, ſervent
de conducteurs à ſon agent ; il ne nous
perſuadera pas que les ſaignées ne
ſoient funeſtes dans une ſimple diſpo-
ſition à l'hydropiſie de poitrine, encore plus lorſqu'il exiſte des ſignes qui
en établiſſent déjà l'exiſtence. Il ne

nous perfuadera pas que dans un tel
état, il foit utile de baigner un malade,
& de le tenir des heures entieres dans
le bain. M. M.... croyant enfuite fe
difculper & pour rejeter fur autrui le
blâme qu'il s'étoit fi juftement acquis,
a voulu infinuer que les obftruétions
qu'il avoit *fi favamment* reconnues,
étoient de très-ancienne date, & qu'elles avoient été trop long-temps négli-
gées; mais ces prétendues obftruétions
étoient fi peu fenfibles, que M. Sabattier, Chirurgien Major des Invalides,
très-célebre Anatomifte, après l'examen le plus exaét, n'en avoit reconnu
aucune trace un mois avant l'accident.
Il eft très-poffible qu'il fe foit formé
dans la fuite des engorgemens dans les
vifceres qui auront été le fruit des pro-
cédés de M. M.... Le grand ufage qu'il
a fait de l'oxymel fcillitique, n'eft-il
pas une preuve des remords de fa con-
fcience à ce fujet? C'eft au moins un

aveu tacite de *l'infuffifance de fon agent*.

Il y a apparence que l'Auteur lui-même de cet agent fameux, n'eft pas trop certain de fa nature. On peut en juger par fes différentes profeffions de foi ; *tantôt il le fait plus fubtil que la lumiere, ailleurs il affure que fon agent ne tient ni de l'aimant ni de l'électricité.* Il eft vrai que cette derniere affertion vient d'être faite dans un temps où le Public eft finguliérement occupé des expériences électriques du fieur *Comus*, fur différentes maladies nerveufes. M. M.... a craint fans doute d'être confondu avec ce nouvel Efculape ; il a raifon de fe tenir en garde contre fon adreffe , car il pourroit bien l'efcamoter un jour , & le faire difparoître de deffus la fcène.

En reconnoiffant un fi grand nombre

de maladies auffi graves, pourquoi a-
t-il eu la témérité de répondre du malade *corps pour corps* jufqu'aux derniers
inftans de fa vie ? C'eft au prognoftic
que l'on connoît un vrai Médecin.

Si M. M...... avoit cru fa conduite
fans reproches, il auroit fans doute ap-
pellé des Médecins inftruits, lorfque
reconnoiffant l'infuffifance de fon
agent, il a été obligé d'avoir recours
aux véficatoires, aux bains, aux potions purgatives, &c.

M. de Ru..... malgré fon excellen-
te conftitution, eft mort après cinq
femaines de traitement par M. M.......
il avoit cependant promis de le guérir.
Doit-on s'en prendre au Magnétifme
ou à fon Auteur? D'après cette obfervation, qui n'eft pas la feule de ce
genre, quelle confiance peut-on avoir
dans l'infaillibilité de l'un & de l'autre ?

En attendant la réponfe de M. M...
Il me permettra de conclure que dans
la nature , il n'y a d'autre agent univer-
fel , *que la nature elle-même* , & que
fon Magnétifme , quel qu'il foit , ne
peut être utile que dans des cas parti-
culiers, & qu'autant qu'il fera fubor-
donné à la Médecine ordinaire , dont
les moyens font variés felon les différentes efpeces de maladies , & dans
l'adminiftration defquels un vrai Médecin doit avoir égard à la conftitution
du malade & à un nombre d'autres circonftances que lui feul peut apprécier
& diftinguer.

F I N.

APPROBATION.

J'AI lu par ordre de Monseigneur le Garde des Sceaux, un Ouvrage qui a pour titre : *Observation très-importante sur les effets du Magnétisme animal* : je crois que l'on peut en permettre l'impression. A Paris ce premier Septembre 1783,

RAULIN.

PRIVILEGE DU ROI.

LOUIS, par la grace de Dieu, Roi de France & de Navarre : A nos amés & féaux Conseillers, les Gens tenans nos Cours de Parlement, Maîtres des Requêtes ordinaires de notre Hôtel, Grand-Conseil, Prévôt de Paris, Baillifs, Sénéchaux, leurs Lieutenans-Civils, & autres nos Justiciers qu'il appartiendra, SALUT : Notre amé le Sieur J. A. DE BOURZEIS, Docteur en Médecine, notre Médecin ordinaire & des Cent Suisses de notre Garde, Nous a fait exposer qu'il desireroit faire imprimer, & donner au Public un Ouvrage de sa composition, intitulé *Observation très-importante sur les effets du Magnétisme animal* : s'il Nous plaisoit lui accorder nos Lettres de Permission à ce nécessaires. A CES CAUSES, voulant favorablement traiter l'Exposant, Nous lui avons permis & permettons par ces Présentes de faire imprimer ledit Ouvrage autant de fois que bon lui semblera, & de le vendre, faire vendre & débiter par tout notre Royaume pendant le temps de cinq années consécutives, à compter du jour de la date des Présentes. Faisons défenses à tous Imprimeurs, Libraires & autres personnes, de quelque qualité & condition qu'elles soient, d'en introduire d'impression étrangere dans aucun lieu de notre obéissance. A la charge que ces Présentes seront enregistrées tout au long sur le registre de la Communauté des Imprimeurs & Libraires de Paris, dans trois mois de la date d'icelles ; que l'impression dudit Ouvrage fera faite dans notre Royaume & non ailleurs, en bon papier & beaux caracteres; que l'Impétrant fe conformera en tout aux Réglemens de la Librairie, & notamment à celui du 10 Avril 1725, & à l'Arrêt de notre Confeil du 30 Août 1777, à peine de déchéance de la préfente Permiffion; qu'avant de l'expofer en vente, le manufcrit qui aura fervi de copie à l'impreffion dudit Ouvrage fera remis dans le même état où l'Approbation y aura été donnée ès mains de notre très-cher & féal Chevalier Garde des Sceaux de France, le fieur HUE DE MIROMESNIL, Commandeur de nos Ordres, qu'il en fera enfuite remis deux exemplaires dans notre Bibliotheque publique, un dans celle de notre Château du Louvre, un dans celle de notre très-cher & féal Chevalier Chancelier de France, le Sieur DE MAUPEOU, & un dans celle dudit Sieur HUE DE MIROMESNIL: le tout à peine de nullité des Préfentes; du contenu defquelles vous mandons & enjoignons de faire jouir ledit Expofant & fes ayans caufe pleinement & paifiblement, fans fouffrir qu'il leur foit fait aucun trouble ou empêchement. Voulons qu'à la copie des Préfentes, qui fera imprimée tout au long, au commencement ou à la fin dudit Ouvrage, foi foit ajoutée comme à l'original. Commandons au premier notre Huiffier ou Sergent fur ce requis, de faire pour l'exécution d'icelles, tous Actes requis & néceffaires, fans demander autre permiffion, & nonobftant clameur de Haro, Charte Normande, & Lettres à ce contraires: car tel eft notre plaifir. Donné à Paris le dixieme jour de Septembre l'an de grace mil fept cent quatre-vingt-trois, & de notre regne, le dixieme. Par le Roi en fon Confeil, LEBEGUE.

Regiftré fur le Regiftre XXI de la Chambre Syndicale des Libraires & Imprimeurs de Paris, n°. 3063, fol. 925, conformément aux difpofitions énoncées dans la préfente Permiffion; à la charge de remettre à ladite Chambre les huit Exemplaires preforits par l'art. CVIII du Réglement de 1723. A Paris le douze Septembre 1783.

LECLERC, *Syndic.*

De l'Imprimerie de P. F. GUEFFIER.